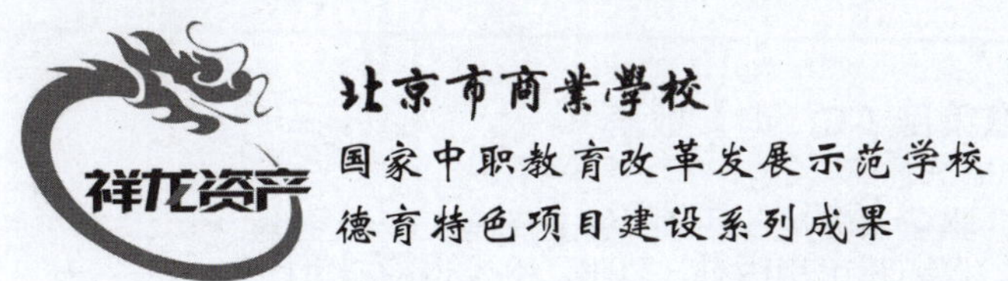

学生综合职业素养
成长手册

史晓鹤 程彬 ◎ 主编

人 民 邮 电 出 版 社
北 京

图书在版编目（CIP）数据

学生综合职业素养成长手册 / 史晓鹤，程彬主编
. -- 北京 : 人民邮电出版社，2013.10（2015.3重印）
ISBN 978-7-115-32667-6

Ⅰ. ①学… Ⅱ. ①史… ②程… Ⅲ. ①职业道德－中等专业学校－教学参考资料 Ⅳ. ①B822.9

中国版本图书馆CIP数据核字(2013)第174622号

内 容 提 要

体现学生成长特点、记录学生成长足迹的《学生综合职业素养成长手册》分为九个模块，每个模块均包含成长指南、成长足迹、成长收获、成长感悟等内容，以学生自我填写为主，同学、教师、家长共同参与见证其成长过程。

手册既有学生成长的总目标，又有每个训练模块要达到的具体目标，用乐于接受的方式，引领学生记录和审视自己在综合职业素养诸方面的点滴成长与进步。手册让学生明确了成长目标和努力方向，激发了学生的积极性和自主性，对他们的健康成长和全面发展起到了导航作用。

◆ 主　　编　史晓鹤　程　彬
责任编辑　王亚娜
执行编辑　刘　佳
责任印制　张佳莹　焦志炜

◆ 人民邮电出版社出版发行　　北京市丰台区成寿寺路 11 号
邮编　100164　　电子邮件　315@ptpress.com.cn
网址　http://www.ptpress.com.cn
北京隆昌伟业印刷有限公司印刷

◆ 开本：787×1092　1/16
印张：6　　2013 年 10 月第 1 版
字数：137 千字　　2015 年 3 月北京第 2 次印刷

定价：20.00 元

读者服务热线：(010)81055256　印装质量热线：(010)81055316
反盗版热线：(010)81055315

《学生综合职业素养成长手册》编委会

校长寄语

亲爱的同学们，当你打开这本手册的时候，意味着你已经走进北京市商业学校的大门，美好生活画卷在你面前展开，你的人生由此翻开了崭新的篇章。你将在商校快乐学习、健康成长、幸福生活。希望同学们学思结合、手脑并用、知行统一，不断提升综合职业素养，用真心践行诺言，用行动书写未来，自信、自立、自强，做德能兼备现代职业人，走向成人、成才、成功！

侯光

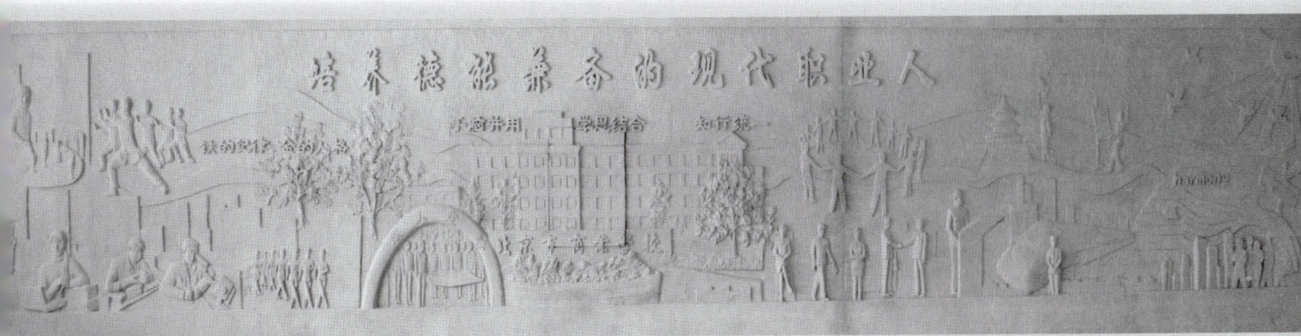

目录

我的成长目标
The Goal of My Development

成人 成才 成功

做德能兼备的现代职业人

快乐学习 健康成长 幸福生活

我相信：

人人有才 人无全才 扬长补短 个个成才

行行能成才 人人争成才 学习助成才 实践促成才

我践行：

铁的纪律 金的人格

千里之行始于目标 千里之行始于足下

我做到：

承担责任 诚实守信 爱岗敬业

遵规守纪 吃苦耐劳 团队合作

沟通交流 积极心态 崇尚礼仪

懂得感恩 勇于创新 学会学习

严谨细致 保证安全 精练技能

我的自画像
Self-portrait

现在的我

我的姓名：……………………

我的系部：……………………

我的班级：……………………

我的专业：……………………

我的职业目标：……………………

……………………

……………………

我的职业偶像：……………………

我的爱好与特长：……………………

……………………

……………………

我的人生格言：……………………

……………………

亲人的期待
Family Expectation

您认为我最好的性格特点是：

我最让您骄傲的方面是：

您认为我最大的优势是：

您对我在商校学习的最大期望是：

您对我未来成长的期望是：

我的成长历程
Stories in My Development

1 我在综合职业素养课程中成长

2 纪律为我成长护航

3 我的精彩一天从晨训开始

4 我做文明有礼的职业人

5 我的舞台我做主

6 我实践，我成长

7 8S 伴我走上职场路

8 我在风采大赛中露两手

9 我守规，我安全

不积跬步无以至千里，
不积小流无以成江海。
——荀子《劝学》

我在综合职业素养课程中成长

Morality Training Based on Courses

进入商校后，我的人生迈入了一个崭新的阶段。在这个新的起点上，我需要尽快适应新环境，消除陌生感。“综合职业素养训练”课是专门针对刚刚步入职业学校的我开设的，解决我在校园礼仪、人际交往和审美方面存在的问题。通过学习和训练，我能够按照校园礼仪约束自己的行为，认识和悦纳自我，提升审美能力，实现做人、做职业人、做优秀职业人的顺利的成长目标，促进我的综合职业素养得到全面提升。

植物的形成在于栽培，人的形成在于教育。

——卢梭

I HEAR. I FORGET. I SEE. I KNOW. I DO .I UNDERSTAND !

（我听了，我忘了。我看了，我知道。我做了，我懂了！）

——美国教育名言

丰富的学习内容

素养课的内容，与我的学习、生活和未来的职业岗位紧密相连。让我们在学习中实践，在实践中成长，一起来体验素养课程吧！

校园礼仪

学生常规礼仪 特定场所礼仪 集体活动礼仪

校园礼仪的学习内容，让我明白了在校园中升旗、课堂、就餐、集会等活动中的相关礼仪要求与行为规范，使我能自觉按照校园生活各种场合的礼仪规范和要求约束自己的行为。

人际和谐

认识自己 悦纳自己 做受欢迎的人
异性交往要适度 学会感恩

教我学会认识和悦纳自我，懂得如何正确处理同学关系、师生关系、亲子关系，理解和尊重差异，学会感恩，提高自控和抗挫折的能力，自信地面对学习和生活中的人际交往问题。

健康审美

拥有健康美 体验劳动美 展示形象美 发现自然美
捕捉生活美 欣赏艺术美

针对我在校学习生活中容易出现的审美误区，通过对健康美、劳动美、形象美、自然美等的理解和训练，使我懂得什么是美，为我审美能力的提高打下基础。

我的成长目标

通过学习，我要快速适应商校的生活，尽快从中学生转变成中职生；先要懂得校园礼仪，建立和谐的同学关系，尊敬老师，努力从一点一滴做起，还要加强综合职业素养训练，努力将承担责任、诚实守信、爱岗敬业、遵规守纪、吃苦耐劳、团队合作、沟通交流、积极心态、崇尚礼仪、懂得感恩、勇于创新、严谨细致这 12 项综合职业素养贯穿于我的学习和生活中，养成良好的行为习惯，争取早日成为一名有礼仪、守规矩、善合作、会审美，被老师和同学认可的商校学生。

课堂上积极回答老师提出的问题，积极参与课堂活动，争做课堂上的主人。

小组活动多与同学们合作、沟通，力争成为团队的优秀分子。

送人玫瑰，手留余香。懂得感恩，与同学们和睦相处，感受集体的力量和温暖。

从生活中的小事做起，养成良好行为习惯。

带着一双发现美的眼睛感受生活。

我的成长足迹

知礼仪，懂规矩——走进校园礼仪（请在框内划√）。

1．我对课堂礼仪的践行情况：

优秀□　良好□　一般□

2．通过本单元的学习与训练，我在以下几方面礼仪得到了提升：

升旗礼仪□　课堂礼仪□　图书馆礼仪□　就餐礼仪□　寝室礼仪□

3．我知晓校园礼仪，能够在实际学习生活中按照具体的礼仪标准要求去做：

是□　不是□

悦纳自己，阳光心态——领悟人际和谐（请在框内划√）。

1．通过学习与训练，我认识了自己并能够悦纳自己：

是□　不是□

2．在实际生活中，我在宽容别人、换位思考方面的表现是：

良好□　一般□

3．通过学习与训练，我能够拥有阳光的心态，面对学习、生活：

是□　不是□

用发现美的眼睛感受生活——学会健康审美（请在框内划√）。

1．通过学习与训练，我提升了发现美的能力：

是□　不是□

2．感悟劳动美，我在班级做值日时的表现是：

良好□　一般□

3．通过本单元的学习与训练，我在以下几方面健康审美得到了提升：

拥有健康美□　体验劳动美□　展示形象美□

发现自然美□　捕捉生活美□　欣赏艺术美□

我的成长收获

回顾过去的一个学期，我觉得自己长大了，收获了许多。

我在校园礼仪方面的收获：

1．通过学习与训练，我掌握了课堂礼仪的具体要求，并努力做到遵守课堂纪律，践行课堂礼仪。在课堂上，正确礼仪要求是：……………………………………………………………………

……………………………………………………………………。

2．在学校升旗时，按照升旗的礼仪标准要求，我做到了：……………………………………

……………………………………………………………………。

我在人际和谐方面的收获：

1．在人际和谐方面，我能够做到换位思考了，具体表现是：

……………………………………………………………………。

2．我利用课堂上学习的有关方面的知识，有效化解了与同学之间的不愉快。

我在健康审美方面的收获：

1．感受音乐美，我最喜欢的一首歌曲是…………，这首歌曲感染了我，给我的启迪是：

……………………………………………………………………。

2．捕捉生活美，在商校校园，我看到的美的行为有：

……………………………………………………………………。

我的成长见证

1．综合职业素养课结束了，本门课我获得的总评成绩是..................分。

2．我的自评成绩是：..................（优秀、合格、需努力）

优秀：我全面掌握了礼仪、人际和谐、审美等方面的知识，并积极在生活中应用，综合素养有了很大的提升。

合格：我了解礼仪、人际和谐、审美等方面的知识，能在生活中尝试应用。

需努力：我了解礼仪、人际和谐、审美等方面的知识。

3．在综合职业素养课程中，我在以下几个方面得到了锻炼（请在框内划√）：

承担责任□　诚实守信□　爱岗敬业□　遵规守纪□

吃苦耐劳□　团队合作□　沟通交流□　积极心态□

崇尚礼仪□　懂得感恩□　勇于创新□　严谨细致□

我的成长感悟

....

....

....

....

Morality Training Based on Courses

“九训”年度达标证书

____

你已完成综合职业素养“素养课程”训练任务，现已达标，望继续努力。

签发人：______________　　　　　盖 章：

纪律为我成长护航

Morality Training Based on Students Management&Service

在茫茫大海中，船员离不开航标的指引；在职业学校的学习中，我离不开纪律的护航。具备良好的规则、规范等法纪意识是每一个合格公民必备的基本素质，也是企业对员工的基本要求。步入商校，就意味着我未来要成为企业需要的员工，成为德能兼备的现代职业人。所以我要树立明确的职业理想和职业目标，知晓职业纪律和职业规则，在学习专业知识和提高技能的同时，我要通过认真遵守和严格执行学校的规章制度及管理服务流程，从一言一行、一点一滴做起，逐步增强自身的规则、纪律、法制意识，提高自我教育、自我管理、自我服务、自我约束、自我保护的能力，为我今后的职业发展打下坚实基础。

秩序是自由的第一条件。

——德.黑格尔

纪律是胜利之母。

——俄.苏沃洛夫

我的航程

走进商校就意味着我成长的帆船开始起航了，所以我要从每一天做起，认真学习领会学校各项规章制度，不断地规范自己的言行举止，认真遵规守纪，严格按照学校的各种规范流程进行操作和自我服务，与老师和同学们共同实施班级 8S 管理，努力营造上学如上班、上课如上岗的氛围。同时，我还要认真做好个人操行评分的评价考核，努力改正自己的不良习惯，增强自觉意识，不断提升自己的职业素养，这样我就能顺利地完成航行任务了。

铁的纪律，金的人格。

——黄炎培

我的航标

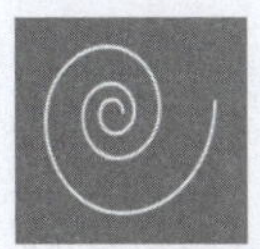

1．我要自觉学习学校的各项规章制度和规范流程，努力做到懂规矩。

2．我要按照学校的制度和流程不断地规范自己的行为，对自己负责、为他人服务；与老师和同学们和谐相处，共同做好班级 8S 管理，营造良好的学习生活环境，做到守规矩。

3．我要从点滴做起，不断规范自己的行为，保持乐观、自信、乐群的积极心态，培养遵规守纪、严谨细致、诚实守信、承担责任、崇尚礼仪等综合职业素养。

我的航行守则

1．学思结合、知行统一、言行一致。
2．遵规守纪既是成长，也是对我最大的保护。
3．标准流程是自我服务的指南。
4．要从点滴做起，从细节做起，坚持不懈。
5．操行评分是对我日常行为的记录，要重视哦！

我的航行足迹

我掌握了学校学生管理工作流程：

突发事件处理工作流程：

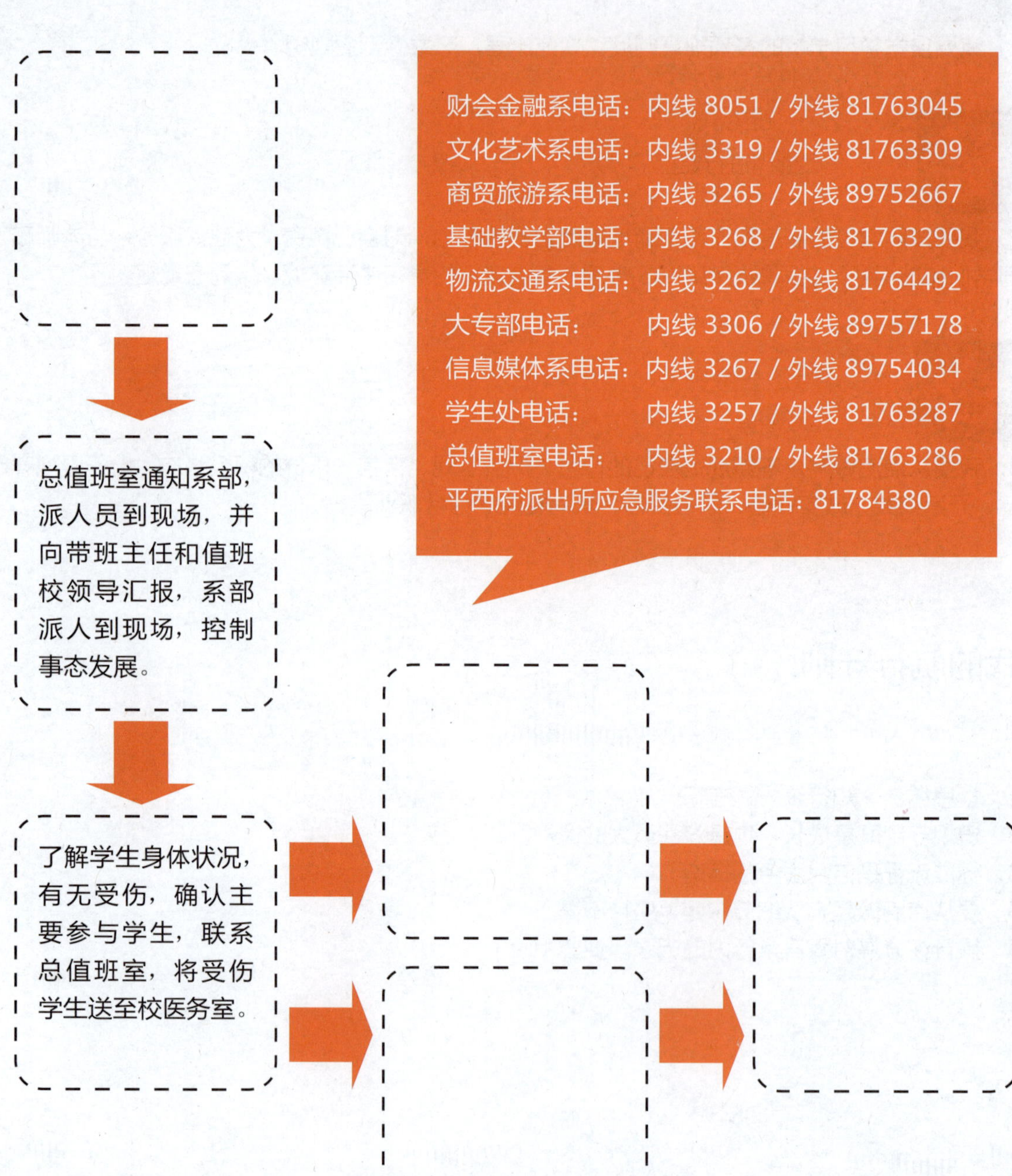

请选择 A、B、C、D 四个框中的文字填到上页图中相应的位置：

将主要参与学生带到系部办公室，向系部副主任汇报，分别调查了解事情经过，参与学生写出事情经过，同时对违纪事件写出初步认识。对学生进行教育，避免事态进一步发展，同时相关部门进行监控。

A

由学生处会同各相关部门，全面了解事件详细经过和发展情况，确定主要参与人员，依据学校有关规定，形成处理意见。做好参与学生的教育、疏导、管理工作，维护校园安全、稳定、和谐。

B

突发事件发生。若教师发现及时制止控制事态发展，并报总值班室；若学生发现就近报告教师，或打电话报总值班室。并在保护好自己的前提下，尽量控制事态的发展。

C

若学生需要校外就医，在医务室借“应急备用金”，系部派值班人员陪同校外就医，同时通知家长和监护人直接到医院。总值班室通知公寓，对相关学生进行监控并报值班校长，视具体情况，酌情决定是否报警

D

秩序是自由的第一条件。

——黑格尔

我的航行见证

我所熟悉的请假和销假流程（请填在空中）：

学生本人提出病、事假申请。

学生准假后必须先登记并留存本人电话和家长电话。

学生到家后必须给班主任回电告之是否安全。

请病假的学生在返校时必须持有县级以上或二甲医院开具的诊断证明后方可销假。

我认真遵守周日返校考勤核查工作流程（请排序）：

□ 19:00 考勤员再次签到。

□ 17:00 学生到教室报到，考勤员负责签到。

□ 20:00 前，系部值班教师将考勤情况报总值班室，避免有学生无故缺勤未到校且无法联系家长等。

□ 19:05 各班考勤员把考勤情况上报系部值班教师，值班教师汇总系部考勤，与缺勤学生家长联系，逐一核实。

□周一依据学校考勤管理办法对缺勤学生作出相应处理。

我必知的班级 8S 管理检查标准

8S 项目		内容	标准	要求
整理整顿清扫清洁	教室清洁	门框	用抹布将门框擦拭干净	每天三遍
		门玻璃	用抹布擦拭门玻璃无污点	每天一次
		窗台	用抹布擦拭窗台	每天三遍
		窗玻璃	用抹布和报纸擦拭干净	每周一次
		黑板	用抹布随时将黑板擦拭干净	每天数次
		地面	用条帚将地面扫干净再用拖布擦净	每天三次
		暖气	暖气后面杂物清除并扫干净暖气下面	每天最少一次
		讲台	讲台台面要求干净无杂物	每天擦拭三次
		踏板	讲台下方踏板无灰尘无脏物	每天擦拭三次
		粉笔盒	放在多媒体下方的粉笔盒整理干净	每周进行一次
	前储柜	清扫工具	扫帚、拖布用完后悬挂在靠右侧一面	每天至少两次
		盆、抹布	盆和抹布放在前柜靠左面第三层	每天至少三次使用
		临时物品	领用多余物品可放在靠左边第一层	随时存放
		废品回收物	矿泉水瓶等存放在最下一层待处理	每周处理一次
	多媒体	多媒体外体	保持洁净．不允许乱涂乱画	每次使用后进行整理
		多媒体里面	保持多媒体操作面的整洁干净	随用随清扫
	桌子	桌子的位置	按照地面砖线摆齐	每天最少一次
		桌面的整理	每次离教室前将桌面清理干净	离开教室必须保持桌面干净
	椅子	椅子的位置	椅子的正确位置应随桌子安排	每天最少一次
		椅子的整顿	每次离教室前将椅子推到桌子下面	离开教室必须将椅子推到桌子下面
	后储柜	后储柜整理	后储柜为学生专用，每人一个	每周进行一次整理
		后储柜摆放	后柜物品存放整齐摆放规范	每周进行一次检查
		后储柜擦拭	后柜柜面每天做值日同时进行擦拭	每天三次擦拭
	窗帘	窗帘的遮挡	使用多媒体时将前两个窗帘遮挡	每天按需要遮挡数次
		窗帘的卷起	不用挡窗帘时必须将窗帘卷起	每天按标准卷起窗帘数次
	教室电器	电视	新闻联播后关掉电视．断掉电源	每周擦拭电视一次去掉灰尘
		管灯	每晚自习时将教室内灯管打开	每天下晚自习后关灯断电
		空调	统一通电统一断电专人负责	通电期为每天按学生来到教室后和离开教室前
		多媒体	用后断电将多媒体盖盖上	每天进行整理清洁断电
	宣传版块	黑板报	按团委要求出好宣传壁报	每月至少一次
		宣传板	按学校要求布置好两块宣传板	每学期至少一次
		信息栏	来自学校各方面的信息	随时更换
		安全栏	《安全期刊》张贴在安全栏内	每月更换一次
		教室布置	根据学期和专业需要整体布置	每学期进行一次整体调整

8S 项目	内容	标准	要求
安全	关窗锁门	学生离开教室时将窗户关上，锁好门	每天必须做到关窗锁门
	关灯断电	晚自习后学生离开教室时将灯关掉	每天必须做到人走灯灭
	上体育课	体育课学生要注意安全，学会自我保护	每周二节课
	课余时间	不允许在楼道内追跑、打闹、喧哗	每天巡视检查
	上下楼梯	上下楼梯时不得追跑打闹，要注意上下台阶	随时提醒
	电器使用	按规定使用电器，离开教室时关掉电源	每天晚自习后进行检查
	不许充电	教室内严禁充电，或使用电吹风、电梳等	每天严格检查
	个人财物	时时刻刻保管自己的财产财物	抓安全工作，时时提醒
	放学路上	放学路上一定要注意人身安全	对学生进行安全教育，经常提示
	返校途中	返校途中一定要注意人身安全	对学生进行安全教育，经常提示
节约	随手关灯	注意节约用电，人走闭灯	每天随堂关闭
	多媒体	按规定使用操作，学生不得擅自充电、上网	随时进行检查提醒
	空调	夏季按规定由专人负责开关	学生在教室时开启，离开时关闭
	电视	每晚按规定时间打开，关闭	晚自习规定时间开启，不能随意打开
	风扇	有空调后可不使用	风扇外体擦拭干净
	桌椅	注意保护个人使用的桌椅	检查有损坏的随时报修
	教学用品	注意节约教学用品使用	注意整理整洁
素养	服装标准	校服不得乱涂乱画，进教室必须着校服	周二、周三着正装，周一、周四着校服
	头发标准	执行学生管理教育手册对头发的要求	每周检查一次
	仪容仪表	不允许带饰物、化妆	每周抽查一次
	校牌标准	正确佩带胸卡，不乱涂乱画	每天检查一次
	晨训素养	遵守时间，按时早读，声音洪亮，不作不相关的事	每天必查一次
	礼训素养	按标准执行，站齐，提升精气神，提高礼训质量	每周一次检查
	上课素养	学生按时上课不准随便说话、玩手机、走动	每天按时教学巡视
	自习素养	晚自习除看新闻外，其他时间安排好专业技能训练	每天学习部和纪检部进行检查
	课间素养	不允许买食品、饮料、不打闹、追跑、喧哗	每天进行巡查
	礼貌素养	见老师问好，进办公室喊报告	每天随时提醒，培训
服务	师生之间	学生要尊重老师，见到老师要问好	经常对学生进行礼仪训练
		课代表提前为老师做好上课准备	培训学生做好服务
		下课后立即将黑板擦试干净，准备待用	行成制度，养成良好习惯
	学生之间	学生干部要参与班级管理，热心服务于学生	每周对学生干部工作进行检查
		学生之间要相互尊重、关爱、帮助、服务	培养学生相互宽容、热心服务

在班级 8S 管理中，我是这样做的：

我的月度综合职业素养评分（基础分 75 分）

月度	月综合职业素养评分	加分内容	减分内容
3 月			
4 月			
5 月			
6 月			
7 月			
9 月			
10 月			
11 月			
12 月			
1 月			
平均分			

没有纪律，就既不会有平心静气的信念，也不能有服从，也不会有保护健康和预防危险的方法了。

——赫尔岑

我对宿舍月度星级达标的贡献

月度	宿舍星级	我的贡献
3月		
4月		
5月		
6月		
7月		
9月		
10月		
11月		
12月		
1月		

我在班级十项百分赛中的贡献

月度	班级成绩	系部排名	我的贡献
3 月			
4 月			
5 月			
6 月			
7 月			
9 月			
10 月			
11 月			
12 月			
1 月			

我的航程见证

☆ 我的成绩______________（优秀　合格　需努力）

优秀：每月综合职业素养评分均在 80 分及以上，且学期平均成绩在 90 分及以上。

合格：每月综合职业素养评分均在 75 分及以上，学期平均成绩在 80 分及以上，被评为“文明学生”。

需努力：受到学校纪律处分，或学期平均成绩低于 75 分。

☆ 我的荣誉

我是否被评为文明学生？

我的获奖记录：

我受表扬的记录：

我帮助别人的记录：

我在班集体获得重要荣誉中的贡献：

我的航行感悟

1．我纠正了哪些不太好的行为习惯？

2．我的行为在哪些方面发生了变化？

3．一年学习生活中，我哪些方面表现得比较好，哪些方面还需要改进？

4．我所在班集体的 8S 是怎么做的？

5．我所在的班级同学们遵规守纪的情况如何，有需要改进的地方吗？

6．在以学生教育管理服务为载体的训练活动中，我在以下几个方面得到了锻炼（请在框内划 √）：

遵规守纪□　　严谨细致□　　诚实守信□
承担责任□　　崇尚礼仪□　　积极心态□

Morality Training Based on Students Management & Service

“九训”年度达标证书

____

你已完成综合职业素养“教育管理服务”训练任务，现已达标，望继续努力。

签发人：______________　　盖 章：

我的精彩一天从晨训开始
Morality Training Based on Morning-reading Class

晨训是学校借鉴企业晨会的模式，结合学校的培养目标，以及同学们的年龄阶段、认知特点和阅读能力，独创的一个学生综合职业素养成长模式。它在传统晨读活动的基础上有了进一步的发展，把经典诵读和优雅礼训结合在一起，通过对古今名句、优秀美文、职场故事及经典英文短句的记诵，读出理想，读出信念，读出人生的精彩。

晨读时我使用的《晨读时光》读本，是老师们通过对 60 多家优秀企业和一百多名毕业生进行调研，结合企业文化特点和人才需求，精心挑选适合同学们成长发展需要的内容编辑而成的。

晨读训练既是朗读训练，也是礼仪训练。作为北京市和全国职教重点研究课题，极具代表性的读训一体的学生素养训练模式，已经取得了一系列成果并已入选全国职业学校“优秀校企文化对接案例”，在全国职业院校中产生了广泛的影响。韩国济州岛女子商业学校代表团到学校参观时，该校校长看到同学们晨训时饱满的精神面貌，听到洪亮整齐的读书声，曾无限感慨地说：“一个热爱读书的民族，一定是有希望的民族。从北京商校同学们读书的热情和饱满的精神面貌中，我看到了中国强大的基础，也看到了中国的未来！”

我是这样晨训的

每天早上 7 点 55 分至 8 点 15 分是我的晨读训练时间，我要诵读专门的晨训读本——《晨读时光》中的朗读部分，并将朗诵和礼仪站姿、坐姿的训练有机结合。课下我可以自己阅读里面“美文赏读”中的自读篇目。在语文和英语课上老师会专门对难点、疑点进行点拨指导，并进行晨读质量的个人考核，班级会不定期举行相关主题班会，全校每年还会举行一次诵读比赛。

晨读时光

晨训读本——《晨读时光》共二册，每学年使用一册，共使用 2 个学年。读本每周基本内容包括“素养导读”、“佳作诵读”、“美文赏读”、“职海拾贝”、“我的心声”。

为中华之崛起而读书

——周恩来

读书有三到，谓心到、眼到、口到。

——朱熹

我的成长目标

如果认真参与晨训，我就能够形成对文化发展、个人素质、职业道德操守的关注与坚持；学会有目的、有计划地读书，逐渐养成良好的阅读习惯；提高自身的普通话表达能力，养成良好的行为规范、礼仪姿态。

我要通过参加晨训活动培养我的“承担责任、诚实守信、爱岗敬业、遵规守纪、吃苦耐劳、团队合作、沟通交流、积极心态、崇尚礼仪、懂得感恩、勇于创新、学会学习、严谨细致、保证安全”等综合职业素养。

我的通关攻略

作息时间有规律，清早要精神抖擞、神清气爽。

边读边思考，边读边理解，积极吸收读本中的正能量。

要注意坐姿、站姿和仪容仪表、精神面貌哦。

日积月累，坚持到底，不能三分钟热血，虎头蛇尾。

对我喜欢的内容要争取反复成诵，在以后的口语交流中会很有用的。

我的成长足迹

晨训内容	第一学期	第二学期	第三学期	第四学期
语文表现				
英语表现				
我的心声				
考勤记录				
总分				
综合评价				

语文和英语老师负责填写语文表现及英语表现成绩，班主任负责填写“我的心声”成绩，晨训委员负责考勤记录。考勤每无故缺勤一次扣 5 分；每一项目按百分制打分记录，个人学期成绩为四项相加的平均值，60 ～ 79 分为合格，80 ～ 100 分为优秀。

我的成长见证

我的成绩：______________（优秀、合格、需努力）

优秀：能够熟练朗读和重点背诵读本中的诗词、名言、英文、故事、美文，正确理解其含义；对其中的文化、内容有所思考并流畅表达自己的观点；推荐书目中的书籍阅读 3 本以上，并能出示其读书笔记或口头表达其主要内容。

合格：能够熟练朗读读本中的诗词、名言、英文、故事、美文，大致理解其含义；推荐书目中的书籍阅读 1 ～ 3 本，并能至少口头表达其主要内容。

需努力：不能流利朗读读本中的诗词、名言、英文、故事、美文，对其含义不甚明白；推荐书目的书籍没有读过。

读书能给人乐趣、文雅和能力。

——培根

我的成长骄傲

我抒写的“我的心声”在……………………………………主题班会上被老师选读；

我朗诵的篇目……………………………………代表系部参加全校比赛；

我在全校比赛中是班级的……………………………………（领诵、合诵）；

我的班级是　　年　　月的“晨训标兵班”；

我能背诵的文章有：……………………………………………………；

我的测验篇目是：

中文《……………………………》；

老师的评价是……………………………………………………；

英文《……………………………》；

老师的评价是……………………………………………………；

我的读书姿态：……………………………………………………

坐姿可以达到：……………………………………………………

站姿可以达到：……………………………………………………

声音可以达到：……………………………………………………

我的出勤情况：……………………………………………………

我对自己的晨训整体表现这样评价：……………………………………………………

………………………………………………………………………………………………

………………………………………………………………………………………………

………………………………………………………………………………………………

> *读一本好书，就是和许多高尚的人谈话。*
>
> *——歌德*

我的成长感悟

在《晨读时光》中：

我最喜欢的文章是《________________________》，

因为这篇文章________________________。

我愿意把“________________________”

当成我的座右铭。

我认为：

我班读得最好的一篇文章是《________________________》。

在这一学期里，我班的朗读水平________________________；

朗读效果________________________。

晨训活动中，我在以下几个方面得到了锻炼（请在框内划√）：

承担责任□　诚实守信□　爱岗敬业□　遵规守纪□

吃苦耐劳□　团队合作□　沟通交流□　积极心态□

崇尚礼仪□　懂得感恩□　勇于创新□　严谨细致□

学会学习□　保证安全□

Morality Training Based on Courses

“九训”年度达标证书

____

你已完成综合职业素养“素养课程”训练任务，现已达标，望继续努力。

签发人：______________　　　　盖　章：

我做文明有礼的职业人
Morality Training Based on Etiquette Learning

“崇尚礼仪，德能兼备”。随着首都经济社会的发展和用人单位人才需求的不断变化，现代服务业对从业人员的职业素养，特别是礼仪修养要求越来越高。文明的言行就像是一封四方通用的自荐书，作为商校学生和未来的职业人，良好的礼仪素养是我走向职场、成为德能兼备现代职业人的必备条件。礼仪训练就是培养我礼仪素养的重要途径，我要从日常的点滴行为做起，从一言一行开始，知礼仪、守规矩，不断提高自己的文明程度，努力做文明有礼的职业人。

不学礼，无以立。

——《论语》

人无礼则不生，事无礼则不成，国家无礼则不宁。

——荀子

我的礼训是这样的

从踏入商校大门开始，到顺利走向职场，礼仪训练伴随我在商校学习生活的每一天。学校制定了专门的学生礼仪规范，配有专业的指导老师，每班设有礼训委员，从早操开始，与晨训结合，每周在固定的时间指导组织同学们开展训练。

<table>
<tr><th colspan="2">项目</th><th>内容</th><th>目的</th><th>途径</th></tr>
<tr><td colspan="2">个人形象塑造</td><td>1. 发型、着装、个人卫生、微笑
2. 站姿、走姿、坐姿
3. 饰物、化妆</td><td>1. 学生达到基本的行为规范
2. 做到发型、着装、个人卫生、饰物、化妆符合要求</td><td rowspan="5">1. 学校运动会等大型活动礼仪展示
2. 文明风采：职业礼仪展示
3. 社会实践</td></tr>
<tr><td rowspan="3">校园礼仪</td><td>快乐学习</td><td>1. 课堂
2. 晨训
3. 图书馆
4. 网络</td><td>1. 能够主动按照课堂、晨训的基本要求做
2. 能够按照图书馆、网络场所的要求去做，尊重他人</td></tr>
<tr><td>幸福生活</td><td>1. 就餐礼仪
2. 住宿礼仪
3. 购物礼仪</td><td>做到就餐、住宿、购物的礼仪规范</td></tr>
<tr><td>健康成长</td><td>1. 文化活动礼仪
2. 仪式庆典</td><td>在参加活动时，能按照活动礼仪的要求去做</td></tr>
<tr><td colspan="2">职业礼仪训练</td><td>1. 实训礼仪
2. 面试礼仪
3. 称谓、介绍、问候礼仪
4. 接打电话礼仪
5. 办公室礼仪
6. 迎送、递物、握手礼仪</td><td>1. 掌握职业礼仪的基本要求
2. 行为上符合职业礼仪规范
3. 能根据情况，运用礼仪知识和规范</td></tr>
</table>

鸟儿因翅膀而自由翱翔，鲜花因芬芳而美丽，校园因文明而将更加进步。

——无名氏

我的成长指南

成长目标：

我要积极、主动地参加礼训活动，按照礼训的要求，按时、按质、按量地完成礼训任务；我要知晓礼仪的基本知识，明确礼仪行为要求，在日常生活中体现礼仪规范，能够运用礼仪规范进行社会交往活动；要自觉纠正不知“礼”、不行“礼”的行为，养成职业人的基本礼仪素养，自觉地运用礼仪知识和行为开展职业活动。

我要通过参加礼训活动，重点提升“崇尚礼仪、承担责任、沟通交流、遵规守纪、吃苦耐劳”等综合职业素养。

温馨提示：

不要怕吃苦。礼训活动是要消耗体力的，如站姿、走姿、坐姿的训练，会消耗你的体力，不过会使你的身材更好看。

不要怕枯燥。礼训主要是一些基本动作规范的训练，动作单一、缺少变化，有时会很枯燥，不过会增强你的耐力。

要树立信心。千万不要觉得自己的体型不好，训不训没用，训一训、练一练，会让你变得帅又靓。

要多参加活动。各种活动是你展现自我的绝佳时机和场所，在活动中让自己闪亮。

我的成长足迹

<table>
<tr><th colspan="2">项目</th><th>内容</th><th>是否
参加
（√）</th><th>训练
情况
（√）</th><th>实践中
应用情况</th></tr>
<tr><td colspan="2">个人
形象塑造</td><td>1．发型、着装、个人卫生、微笑
2．站姿、走姿、坐姿
3．饰物、化妆</td><td>是□
否□</td><td>已掌握□
需练习□</td><td>偶尔能做到□
基本能做到□
主动自觉做到□</td></tr>
<tr><td rowspan="3">校
园
礼
仪</td><td>快乐
学习</td><td>1．课堂
2．晨训
3．图书馆
4．网络</td><td>是□
否□</td><td>已掌握□
需练习□</td><td>偶尔能做到□
基本能做到□
主动自觉做到□</td></tr>
<tr><td>幸福
生活</td><td>1．就餐礼仪
2．住宿礼仪
3．购物礼仪</td><td>是□
否□</td><td>已掌握□
需练习□</td><td>偶尔能做到□
基本能做到□
主动自觉做到□</td></tr>
<tr><td>健康
成长</td><td>1．文化活动礼仪
2．仪式庆典</td><td>是□
否□</td><td>已掌握□
需练习□</td><td>偶尔能做到□
基本能做到□
主动自觉做到□</td></tr>
<tr><td colspan="2">职业
礼仪训练</td><td>1．实训礼仪
2．面试礼仪
3．称谓、介绍、问候礼仪
4．接打电话礼仪
5．办公室礼仪
6．迎送、递物、握手礼仪</td><td>是□
否□</td><td>已掌握□
需练习□</td><td>偶尔能做到□
基本能做到□
主动自觉做到□</td></tr>
</table>

面必净，衣必整，纽必结，头宜平，脑宜直，气象勿傲勿怠，颜色宜和宜静宜庄。

——周恩来

我的成长见证

我的礼训成绩：

优秀	1. 行为完全符合礼仪规范。 2. 能够很好地运用礼仪知识进行高效的学习、生活，化解矛盾，建立和谐的人际关系。 3. 能够根据自身的特点、职业要求，为自己设计符合职业要求的形象。 4. 参加三项以上礼仪展示活动，至少两项获得荣誉。 5. 积极、主动参加礼训活动，按时、按质、按量完成礼训任务，无违纪、无缺勤。
合格	1. 行为基本符合礼仪规范。 2. 基本能够运用礼仪知识进行有效的学习、生活，基本能够较好地化解矛盾，建立良好的人际关系。 3. 能够根据自身的特点、职业要求，较好地为自己设计符合职业要求的形象。 4. 参加两项礼仪展示活动。 5. 基本能够参加礼训活动，基本上能按时、按质、按量完成礼训任务，无违纪，缺勤四次以下。
需努力	1. 行为不符合礼仪规范。 2. 运用礼仪知识进行学习、生活有困难，经常产生矛盾不能化解矛盾，人际关系紧张。 3. 对自身的特点、职业要求不清楚，不能为自己设计符合职业要求的形象。 4. 没有参加过礼训展示活动。 5. 参加礼训活动不积极、不主动，基本上不能按时、按质、按量完成礼训任务，有违纪、缺勤五次以上。

比一比、赛一赛，看看我有多标准：

Photo 发 型	Photo 站 姿	Photo 坐 姿

找一找，看一看（发现身边不讲礼仪的行为或事情）：..

....

....

....。

我参加的职业礼仪展示和获奖证书（可用文字描述也可粘贴照片或证书）：

礼仪信使（我向别人传递了一项礼仪规范）：..

....

....

....。

我的成长感悟

1．通过礼训，我纠正了一些不好的行为，养成了如下良好的习惯：

2．结合自己的专业培养目标和未来的职业岗位要求，我觉得自己还需要进一步的强化如下方面的礼仪：

3．礼训活动中，我在以下几个方面得到了锻炼（请在框内划 √ ）：

崇尚礼仪□　　承担责任□　　沟通交流□

遵规守纪□　　吃苦耐劳□

Morality Training Based on Etiquette Learning

“九训”年度达标证书

____

你已完成综合职业素养“礼训”

训练任务，现已达标，望继续努力。

签发人：______________　　　　盖 章：

我的舞台我做主

Morality Training Based on Campus Activities

理想在这里起飞，青春在这里绽放。妙趣横生的活动舞台即将出现在我的商校生活中，我已经做好准备！

“展现青春魅力、张扬学生风采”是我们不变的主题。我专业娴熟，我是未来的“技术能手”，我能歌善舞，我是校园的 Super Star。我热爱运动，我是商校的 MVP。我走进社区，我是热心的青年志愿者。

“月月有主题，周周有活动，天天都精彩”的活动舞台是我快乐学习、健康成长、幸福生活的阵地。我喜欢，我自信，我能行！

参加的是活动，收获的是成长；流下的是汗水，收获的是喜悦；付出的是努力，收获的是成功。

我会“成人、成才、成功”！

我是“德能兼备的现代职业人”！

我的成长指南

成长目标：

“我的舞台由我做主，”面对商校的各种活动，我要积极参与，让我因为活动得到锻炼，让活动因为我变得更加精彩。在我参加的每个活动里，我要力争做到“十个一”，即我要寻找一个岗位，扮演一个角色，获得一份感受，收获一个启迪，明白一个道理，养成一个习惯，学会一种本领，实现一次成功，感受一份愉悦，树立一份信心。

在这个舞台上，我不仅要参与活动，获得快乐，更要学会树立自信、挖掘潜能、找到优势、锻炼能力，与周围同学的关系变得更加融洽。参与活动，也是我更加了解职业、热爱专业、提升素养的重要途径。

“千里之行始于足下，千里之行始于目标”。在这里，我要对自己承诺，“我要积极参加学校组织的各项校园文化活动，把握每次机会、展现自己，做商校活动舞台上的闪亮之星。”我要通过参加活动培养我的“承担责任、团队合作、积极心态、爱岗敬业、懂得感恩、沟通交流、勇于创新”等综合职业素养。

青春啊，永远是美好的，可是真正的青春，只属于这些永远力争上游的人，永远忘我劳动的人，永远谦虚的人。

——雷锋

我的决心：

我要充满自信和勇气，在众人面前展示自己。

我要通过实践发现自己的优势、潜能。

我要多参与，多锻炼，从各方面磨练、提升自己。

我要写下我专属的心路历程，在多年后看到自己年少时在商校追梦的时光。

我的时光没有虚度，在商校的生活将成为我在青春岁月里最美好的一段记忆。

我的活动舞台

1 月 诚信考试月	2 月 寒假实践月	3 月 志愿服务月	4 月 技能展示月	5 月 书香校园月	6 月 温情离校月
“无人监考” 活动	假期自主 社会实践	学雷锋志愿服务活动 班级、系部学雷锋活动	技能大赛 商校吉尼斯	晨训、礼训比赛 8S 管理达标活动 文明风采大赛	真情送别，温情离校活动 星光大道综合表彰活动
7 月 拓展训练月	**8 月 暑假实践月**	**9 月 感恩践行月**	**10 月 成人责任月**	**11 月 安全法制月**	**12 月 文化艺术月**
“无人监考” 活动 学生干部拓 展训练	军训 假期自主 社会实践	教师节庆祝活动 “起点 起飞”新生入学 教育活动	成人仪式 特色运动会	安全能力训练达标 评优表彰活动 新生内务大赛	“校园之星”大赛 迎新春游艺会 商校春晚

我的成长足迹

月份	主题	我的舞台	是否参加（√）	见证人	我的收获
三	志愿服务月	学雷锋志愿服务活动 班级、系部学雷锋活动	是□ 否□		
四	技能展示月	技能大赛 商校吉尼斯	是□ 否□		
五	书香校园月	晨训、礼训比赛 8S 管理达标活动 文明风采大赛	是□ 否□		
六	温情离校月	真情送别，温情离校活动 星光大道综合表彰活动	是□ 否□		
七	拓展训练月	“无人监考”活动 学生干部拓展训练	是□ 否□		
九	感恩践行月	教师节庆祝活动 “起点 起飞”新生入学教育活动	是□ 否□		

十	成人责任月	成人仪式 特色运动会	是□ 否□		
十一	安全法制月	安全能力训练达标 评优表彰活动 新生内务大赛	是□ 否□		
十二	文化艺术月	“校园之星”大赛 迎新春游艺会 商校春晚	是□ 否□		
一	诚信考试月	“无人监考”活动	是□ 否□		
以上是我的成长记录。我还参加了学生社团、系部活动，那我也要在下面记录哦！要让我的成长更多地得到见证！					

我的成长收获

最值得我记录的活动：

活动名称：..

时间：........................ 地点：..

★ 我参与，我快乐：（简要描述参与活动的内容）

★ 我收获，我成长：（简要描述活动体会，收获的能力）

★ 我荣耀，我能行：（活动成绩）

★ 我见证，我铭记：（在五角星中评价我的活动，五颗星为满分）

☆☆☆☆☆

★ 我活动，我记录：（粘贴活动照片）

我的成长见证

1．我的成绩：____________（优秀、合格、需努力）

优秀：我参加了 8 次以上的活动，锻炼了自己，有了收获；

合格：我参加了活动；

需努力：我尚未参加活动。

2．在这学期中我总共参加了__________项活动，在____________________活动中，我分别获得了__________奖项。我的集体在__________活动中，获得了荣誉。

3．在本学期中，我最喜欢的活动是：__________________________________

4．在各种活动中，我认为我表现得最优秀的是：______________________________

5．在本次活动中，我在如下方面表现得令自己满意：____________________________

6．以下是我表现得还不够优秀，但还想继续参加的活动：__________________________

7．我的同学认为我在活动中表现得怎么样？

非常积极□　　喜欢参与□　　参与程度一般□

8．我的自信心是否得到提升了？

是□　　否□

9．我是否通过活动，树立了下一阶段的目标？

是□　　否□

我树立的下一阶段目标是：____

____

10．通过这些活动，我是否发挥了自己的潜能？

是□　　否□

11．我能发挥优势的活动有：____

____

12．我在下一次活动中的目标是：

____

____

13．在校园文化活动中，我在以下几个方面得到了锻炼（请在框内划 √）：

承担责任□　　团队合作□　　积极心态□　　爱岗敬业□

勇于创新□　　懂得感恩□　　沟通交流□

我的感言

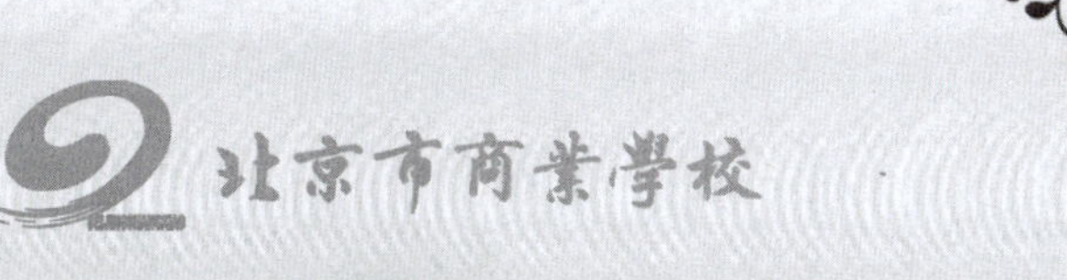

Morality Training Based on Campus Activities

“九训”年度达标证书

____

你已完成综合职业素养“校园文化活动”训练任务，现已达标，望继续努力。

签发人：______________　　　　盖 章：

我实践，我成长

Morality Training Based on Social Practice

商校的学习生活丰富多彩、绚烂多姿，商校的文化魅力四射。在商校，不仅有生动活泼的课堂学习丰富我的精神世界，为我成为德能兼备现代职业人奠定坚实的基础，而且学校还有社会实践活动大舞台。从这个舞台，我走出课堂，走向社会、走进社区，用技能服务社会，帮助他人。在给他人带来方便和快乐的同时，也让我感受到作为志愿者的幸福和乐趣。多彩的实践活动更是我们步入职场的“大练兵”。

在这个大舞台上，快乐的青春旋律，有你有我精彩无限！

只有人们的社会实践，才是人们对于外界认识的真理性的标准。真理的标准只能是社会的实践。

——毛泽东

我的社会实践活动

在社会实践这个大舞台，我可以参与到学雷锋为民服务进社区、专业实践、创业园格子铺实践、参观考察、国际合作互访交流、值周劳动实践、学生干部拓展训练、校内外各种接待服务、青年志愿服务中，也可以在寒暑假等节假日期间自愿参加一系列社会实践活动，使我的社会实践活动更加丰富多彩。

我的成长目标

我们要积极参加各种社会实践活动，努力成为这个舞台上的主角。开阔我们的视野，了解社会，了解企业，增长见识，将我们所学的专业知识和技能应用到实践中，并在实践中得到检验和提升。通过实践活动重点锻炼自己吃苦耐劳、爱岗敬业、团队合作、沟通交流、保证安全及精练技能等方面的职业素养，从而更好地服务他人、奉献社会。

我要注意：

要积极参加各种实践活动。

在参加活动中，要做到安全第一，保护自己不受意外伤害。

活动过程中，要注意和同学们合作，彼此配合才能成就彼此。

社会实践活动也许很辛苦，请记住：坚持就是胜利！

活动结束，及时写下活动感受，找出不足以便下次改进。

我的成长足迹

我参加过的社会实践活动：

类别	项目	是否参加（参加划√）	参加次数
学雷锋志愿服务活动	学雷锋志愿服务进社区		
	青年志愿服务		
	其他		
专业实践活动	专业社会实践		
	企业参观		
	创业实践		
	其他		
劳动实践	值周劳动实践		
其他社会实践活动	学生干部拓展训练		
	校内外接待服务		
	国际合作互访交流		
自主实践	（具体项目自填）		

我的值周劳动实践：

时间：　　　　　　　　　　　　地点：

所在岗位：

我的主要职责是：

我的团队成员有：

我的成绩：

我的体会：

我的专业实践（专业社会实践、企业参观、创业实践）活动：

时间：　　　　　　　　　　　　地点：

所在岗位：

我的主要职责是：

我的带队老师是：

我的团队成员有：

我的业绩：

我的收获：

我的学雷锋志愿服务活动（学雷锋进社区、青年志愿服务）：

时间：　　　　　　　　　　　　　　　　　地点：

所在岗位：

我的主要职责是：

我的团队成员有：

我的成绩：

我的体会：……………………………………………………………………………………

……………………………………………………………………………………………………

……………………………………………………………………………………………………

……………………………………………………………………………………………………

我其他的实践活动

时间：　　　　　　　　　　　　　　　　　地点：

所在岗位：

我的主要职责是：

我的团队成员有：

我的成绩：

我的体会：……………………………………………………………………………………

……………………………………………………………………………………………………

……………………………………………………………………………………………………

……………………………………………………………………………………………………

我的自主实践活动（寒暑假等节假日）：

时间：　　　　　　　　　　　　　　　　　地点：

所在岗位：

我的主要职责是：

我的团队成员有：

我的成绩：

我的体会：……………………………………………………………………………………

……………………………………………………………………………………………………

……………………………………………………………………………………………………

……………………………………………………………………………………………………

我的成长见证

1. 我的成绩：......................（优秀、合格、需努力）

   优秀：参加过三次以上社会实践活动，并圆满完成实践任务。

   合格：参加过值周劳动实践，成绩合格，并至少参加过一次其他社会实践活动，完成实践任务。

   需努力：尚未参加过任何社会实践活动或参加实践活动未完成实践任务。

2. 哪个活动给我留下的印象最深刻？为什么？

3. 在哪一个社会实践活动中我表现得最好，为什么？

4. 我希望学校继续组织我想参加的活动是：

5. 我在哪个活动中与同学合作得最好？为什么？

6. 我在如下活动中克服困难并坚持下来：

7. 我在社会实践活动中的风采：（实践活动照片、服务单位评价）

我的成长感悟

1．这些实践活动对我的专业学习有如下帮助：

2．我是这样理解并践行志愿服务精神的：

3．在社会实践活动中，我在以下几个方面得到了锻炼（请在框内划√）：

吃苦耐劳□　　爱岗敬业□　　精练技能□

团队合作□　　保证安全□　　沟通交流□

不积跬步无以至千里，不积小流无以成江河。

——荀子

Morality Training Based on Social Practice

“九训”年度达标证书

____

你已完成综合职业素养“社会实践”训练任务，现已达标，望继续努力。

签发人：______________　　　　盖章：

8S 伴我走上职场路
Morality Training Based on “8S” Management

作为职业学校学生，养成良好的行为习惯，以企业标准要求自己，会为我走上职业岗位奠定坚实的基础。我校每一个专业都有自己的实训基地，每个实训基地都是完全模拟企业化的环境、标准、流程建设的，在管理上也采取了企业化的模式。学校借鉴企业 5S 的管理理念，结合学校自身的特点和同学的成长目标，专门制订了 8S 实训标准，并开展一系列考核评比活动，为我顺利走上职场搭建了平台。

创新就是关注细节，创新就是提升标准，创新就是挑战自我。

——永辉超市

我的 8S 活动

专业实训是我在学校学习生活不可或缺的内容。在专业课学习当中，我会有 50% 以上的时间在实训基地里实践，我的职业素养也会在实训中得到锻炼和提高。我校的每个实训基地都有本专业特色的 8S 管理标准，每一节课前 3 分钟都要进行 8S 自检；上课过程中，老师会指导我按照企业标准流程进行专业操作；下课前 2 分钟需要再按照 8S 管理和流程进行核查。

整理：

素养：

整顿：

清洁：

节约：

服务：

清扫：

安全：

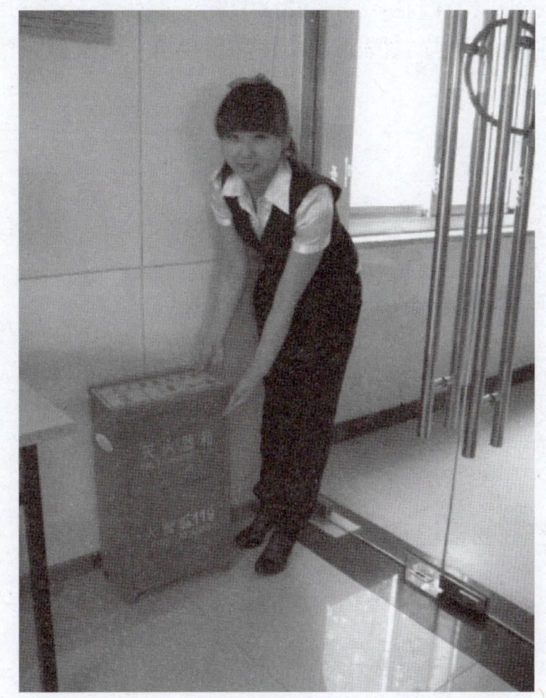

我的成长指南

我要按照学校实训 8S 管理标准流程，规范我在实训基地的行为，促进专业学习和技能的掌握，提高实训效率，养成良好的职业习惯，使实训场地更加整洁、美观、有序，共同营造良好氛围。通过参加 8S 实训活动，重点提升我“严谨细致、爱岗敬业、保证安全、遵规守纪、精练技能”等综合职业素养。

我会努力做到

一定要按照标准流程操作呦！
尤其要安全至上，用心记好用电安全、消防安全、职业安全的规则；
同学之间要注意合作、互帮互助、共同提高；
爱护设备设施，注意勤俭节约，减少不必要的浪费；
我会与同学共同努力，始终保持实训基地的整洁有序。

我的成长足迹

本学年我的实训场所有：

我在 8S 过程中的主要分工、职责是：

在我的眼里同学们在 8S 中的表现是这样的：

我最熟悉的实训场所的 8S 流程是：

我去过的 8S 示范场所有：

我的成长见证

我的 8S 实训成绩表：

实训课程						平均分
8S 成绩						
我需要努力的方面						

我的成长感悟

通过 8S 实训活动，我养成了如下好习惯：

通过 8S 实训活动，我的行为有了如下一些好的变化：

在课堂之外，我可以将如下 8S 理念和做法融入到生活之中：

在 8S 实训活动中，我在以下几个方面得到了锻炼（请在框内划 √）：

严谨细致□　　爱岗敬业□　　精练技能□

遵规守纪□　　保证安全□

无视细节的企业，它的发展必定在粗糙的砾石中停滞。

——松下幸之助

Morality Training Based on "8S" Management

"九训"年度达标证书

____

你已完成综合职业素养"8S"

训练任务，现已达标，望继续努力。

签发人：______________ 盖 章：

我在风采大赛中露两手
Morality Training Based on the National "WMFC" Talent Competition

文明风采竞赛是专门为中职学生组织的全国性的竞赛活动，第一届竞赛活动始于 2004 年，它是由教育部、中央文明办、中华职业教育社共同组织的，分为校级初赛、市级复赛和全国决赛。我校从第一届开始就参加比赛，全校师生始终参与到活动中，每年都有几百名同学获奖，参赛作品获奖率始终保持在 85% 以上。竞赛活动已经成为我树立职业理想、明确职业目标、提高职业素养、展示职业风采的多彩舞台。

一个人追求的目标越高，他的才力就发展得越快，对社会就越有益。

——高尔基

我知道

近年来，“文明风采”竞赛活动主要竞赛项目包括以下比赛。

类型	项目
征文类	我爱我的祖国；从中职生资助政策想到的；资助政策助我成才；中华民族共命运、心连心；党的阳光沐浴我成长；雷锋精神永不磨灭；感恩的心；我身边的诚信；创业之星；创业之路在脚下
规划设计类	职业生涯规划
摄影类	职业和生活中的美；志愿者剪影
Flash 动漫类	生命 • 安全；生命 • 安全 • 和谐；荣与辱；节能环保
展演类	“心绣未来”演讲；“职业礼仪”表演；“中华才艺”演艺

我每年都可以参加“文明风采”竞赛活动，可以选择多个项目，老师会辅导我，给予我最大的帮助。如果我的作品优秀，可以代表学校到北京市参赛；如果我的作品优秀，可以代表北京市参加全国竞赛。

我能做到

积极参加竞赛活动，按时按质完成参赛作品；能对自己的职业生涯有初步的设计，形成爱岗敬业的意识；能体会父母、老师、学校和社会对自己的关爱，有回报的实际行动；通过参加文明风采竞赛充分展示我的风采。我要通过参加竞赛活动培养“勇于创新、学会学习、懂得感恩、崇尚礼仪、精练技能”等综合职业素养。

我明白

提前找指导教师辅导；
我很诚信，不从网上下载；
生活中多注意观察；
树立自信，充分展示自我风采；
关注自己所学专业对应的就业岗位群；
多阅读、多学习、多积累，锻炼自己的写作能力；
力所能及地积极参加“学雷锋”志愿服务社会实践活动。

我的职业生涯设计

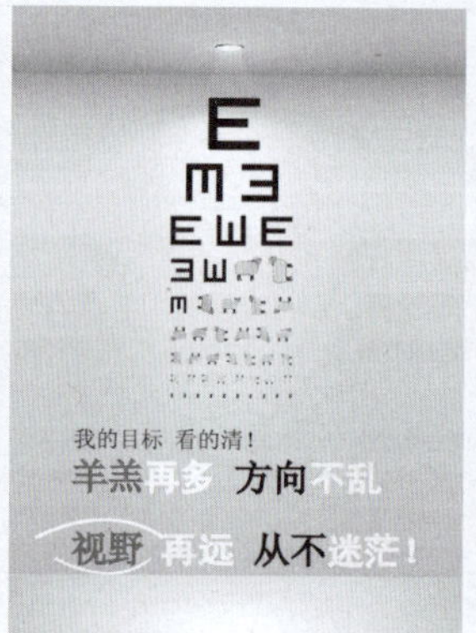

未来是光明而美丽的，爱它吧，向它突进，为它工作，迎接它，尽可能地使它成为现实吧！

——车尔尼雪夫斯基

我的足迹

类型	项目	我参加的项目	我的作品题目	我的指导老师
征文类	我爱我的祖国			
	从中职生资助政策想到的			
	资助政策助我成才			
	中华民族共命运、心连心			
	党的阳光沐浴我成长			
	雷锋精神永不磨灭			
	感恩的心			
	创业之路在脚下			
	我身边的诚信			
	创业之星			
规划设计类	职业生涯规划			
摄影类	职业和生活中的美			
	志愿者剪影			
Flash动漫类	生命·安全			
	生命·安全·和谐			
	荣与辱			
	节能环保			
展演类	“心绣未来”演讲			
	“职业礼仪”表演			
	“中华才艺”演艺			

我的荣誉

我的作品……………………代表学校参加北京市比赛。

我的作品……………………代表北京市参加全国比赛。

我的作品……………………入选了学校的优秀作品集。

我的作品……………………入选了北京市的优秀作品集。

我获奖了

我的作品《..............................》

荣获..............................项目..........（学校 北京市 全国）级别..........等奖。

我的作品《..............................》

荣获..............................项目..........（学校 北京市 全国）级别..........等奖。

我的作品《..............................》

荣获..............................项目..........（学校 北京市 全国）级别..........等奖。

我的作品《..............................》

荣获..............................项目..........（学校 北京市 全国）级别..........等奖。

我的成长见证

我在风采大赛中的成绩：..........（优秀、合格、需努力）

优秀：我的作品代表学校参加北京市以至全国的比赛。

合格：我参加了活动。

需努力：我尚未参加活动。

我的成长感悟

通过参加文明风采竞赛活动，我的重大变化是：

....

....

我对自己职业生涯规划的简要描述（发展目标、发展阶段、发展措施）：

....

....

....

....

....

....

我在文明风采竞赛活动中展示了自己如下几方面的特长与优势：

....

....

....

....

我准备明年继续参加竞赛的项目是：

....

....

在文明风采竞赛活动中，我在以下几个方面得到了锻炼（请在框内划√）：

勇于创新□　　学会学习□　　精练技能□

懂得感恩□　　崇尚礼仪□

处处是创造之地，天天是创造之时，人人是创造之人。

——陶行知

Morality Training Based on the National "WMFC" Talent Competition

"九训"年度达标证书

____

你已完成综合职业素养"文明风采"训练任务，现已达标，望继续努力。

签发人：______________　　盖 章：

我守规，我安全

Morality Training Based on Safety Education

为了我在校期间能够快乐学习、健康成长、幸福生活，从入学到毕业，学校会组织开展多种形式的安全能力训练，如参观专业人员安全操作演习，听专业人员安全知识讲座，阅读学校安全期刊，观看安全教育影片，浏览安全宣传橱窗，参与安全知识问答和实际操作培训，参加各种公共场所的紧急疏散演练。这些活动使我掌握了各种安全知识和自防自救的技能，不断增强安全意识，养成安全习惯，提高了自防自救的安全能力。

安全无小事，小事连大事，事事都落实，才能不出事。

——何耀明《安全责任无小事》

我的成长目标

我要积极参加学校、系部、班级组织的各项安全活动，严格遵守学校各项安全制度，认真学习安全知识，努力养成严谨细致的安全习惯，不断增强安全意识，努力提高安全隐患识别能力、应急反应能力和团队合作能力，使我在遇到各种安全隐患的时候能够做出正确的行为、实施正确的措施，避免隐患，减少伤害，最大限度地保护生命安全。我要通过参加安全能力训练活动重点提升我的“保证安全、承担责任、遵规守纪、团队合作、严谨细致”等综合职业素养。

安全小贴士

（1）认真学习懂知识。　（6）掌握方法识隐患。
（2）自觉自控守法规。　（7）学以致用长能力。
（3）提高技能勤练习。　（8）听从指挥有秩序。
（4）多听多看强意识。　（9）团结互助增感情。
（5）日常行为养习惯。　（10）共同努力保平安。

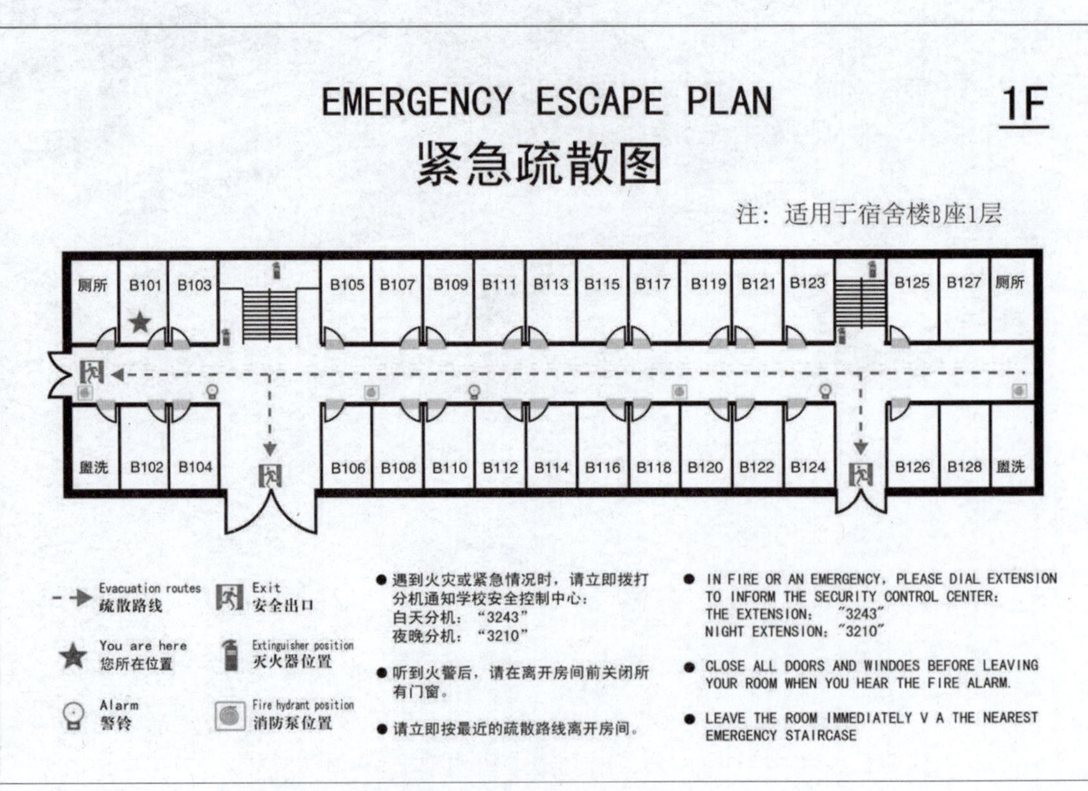

我的成长足迹

类型	活动项目	我参与	我学到了…
听	专业人员（公安机关）安全法制讲座（专业、新生入学教育讲座）	是□ 否□	
	校园安全讲座	是□ 否□	
	班主任安全教育	是□ 否□	
	国旗下讲安全教育专题	是□ 否□	
	其他（请注明）		
看	看安全教育影片	是□ 否□	
	看安全期刊	是□ 否□	
	看安全教育书籍、报刊杂志	是□ 否□	
	看各场所疏散标志图	是□ 否□	
	其他（请注明）		

类型	活动项目	我参与	我学到了…
写	写心得体会	是□ 否□	
	签定安全协议（实习、走读、住宿）	是□ 否□	
	其他（请注明）		
做	参加安全疏散演习	是□ 否□	
	参加专项安全培训	是□ 否□	
	遵守学校安全规章制度	是□ 否□	
	做日常安全检查	是□ 否□	
	发现安全隐患及时上报	是□ 否□	
	参加安全能力竞赛或训练	是□ 否□	
	承担校、系、班级、宿舍等安全员工作	是□ 否□	
	其他（请注明）		

我认为安全应该包括（　　）方面。（多选）

A．财产安全、交通安全　　B．饮食安全、活动安全

C．医疗安全、生产安全　　D．设备安全、信息安全

E．用火安全、用电安全　　F．交往安全、网络安全

我的成长见证

1．我的成绩：..................（安全、需改进）

我积极参加学校、系部、班级组织的各项安全教育及培训活动，自觉遵守各项安全规章制度，养成了良好的日常行为习惯，掌握了一定的识别安全隐患的能力、应急反应能力和自救互救能力。在校学习生活期间无违纪行为和安全事故发生，所以我安全。

在校生活学习期间还有些不足（吸烟、违规充电、购买无照摊贩食品等现象），所以我需改进。

2．在安全训练活动中，我在以下几个方面得到了锻炼（请在框内划√）：

保证安全□　承担责任□　团队合作□

遵规守纪□　严谨细致□

我的安全感言

1．我认为校园里或身边还存在如下安全隐患：

2．回家后我要提醒亲戚朋友在如下几方面注意安全：

3．上课期间听到紧急疏散警报我应该这样做：

4．结合自己的专业学习，在今后的岗位上，我要在如下几方面注意安全：

"事故法则"：每一起严重事故的背后，必然有29起轻微事故和300起未遂先兆，以及1000起事故隐患。

——海恩法则

Morality Training Based on Safety Education

“九训”年度达标证书

____

你已完成综合职业素养“安全能力”训练任务，现已达标，望继续努力。

签发人：______________　　　　盖　章：

我的综合职业素养成长见证表

温馨提示：邀请家长、老师和同学、朋友参与进来，让他们根据对你的了解，分别写出他们认为你在综合职业素养训练过程中所拥有的优点及不足。

综合职业素养成长见证表：（分数越高，自己的“综合职业素养”越高，就业择业的能力越强，越可能在今后的成长发展中有较强的职场竞争力。）

序号	成长目标	自我评价总分	同伴、老师、家长、实习师傅可能会对我说：			填写“我相信我能做到！”自我提示语
			真棒	不错	加油	
（一）	我在综合职业素养训练课程中成长					
（二）	纪律为我成长护航					
（三）	我的精彩一天从晨训开始					
（四）	我做文明有礼的职业人					
（五）	我的舞台我做主					
（六）	我实践，我成长					
（七）	8S 伴我走上职场路					
（八）	我在风采大赛中露两手					
（九）	我守规，我安全					
总分（满分 100 分）						

争当综合职业素养标兵班

这一学年的综合职业素养训练中，我可爱的班集体表现优秀，获得了多个奖励，现统计如下。

我班被评为综合职业素养标兵班统计表

序号	成长目标	我班被评为标兵班（在相应项划 √）	日期
训练 1	我在综合职业素养课程中成长		
训练 2	纪律为我成长护航		
训练 3	我的精彩一天从晨训开始		
训练 4	我做文明有礼的职业人		
训练 5	我的舞台我做主		
训练 6	我实践，我成长		
训练 7	8S 伴我走上职场路		
训练 8	我在风采大赛中露两手		
训练 9	我守规，我安全		

我要拿到综合职业素养证书

北京市商业学校
综合职业素养达标证书
Certificate of Comprehensive Vocational Qualities
Pass with Merit
证书编号:
Certificate number
学校盖章:
The school seal
签发人:
The issuer
发证日期:
Date of issue

北京市商业学校
综合职业素养优秀证书
Certificate of Comprehensive Vocational Qualities
Pass with Distinction
证书编号:
Certificate number
学校盖章:
The school seal
签发人:
The issuer
发证日期:
Date of issue

我的心声

我还想说：

经过了一年的学习生活，我觉得自己有了很大进步，成长手册已经记录了我的成长足迹。但是，也许我还有一些进步没能记录在册，我还有一些心里话想说。

我觉得自己的成长还表现在：

我还想对自己说：

我还想对老师说：

我还想对家长说：

我还想对学校说：

班主任激励我成长

班主任寄语：

用欣赏的眼光看学生优点，用发展的眼光看学生不足。
尊重、关爱、服务、指导每一名学生全面健康成长。

——北京市商业学校

亲人鼓励我进步

亲人们，这是我在北京市商业学校的成长手册。手册中记录了我的综合职业素养成长情况，我已经很努力了，表扬表扬我吧！我希望听到您温馨鼓励的话语，您的激励是我前进的动力！

老师表扬我：

良师一言似明灯

敬爱的老师，在您的教导下，我觉得自己长大了，您觉得我在哪些方面进步最显著：

您觉得我在哪些方面还可以继续成长呢？给我指明方向吧：

同学鼓励我：

同伴互助共进步

我们在一个集体生活已经一年了，你想告诉我什么吗？写在这里吧：

家长勉励我：

亲情关爱促成长

看完了我一年的表现，您觉得我在哪些方面有了变化？您还想对我说什么？我记录如下：

我的风采

一学年后的我